気象予報士と学ぼう！

天気のきほんがわかる本 2

雲はかせになろう

【文】遠藤喜代子　【監修】武田康男・菊池真以

気象予報士と学ぼう！
天気のきほんがわかる本②

雲はかせになろう

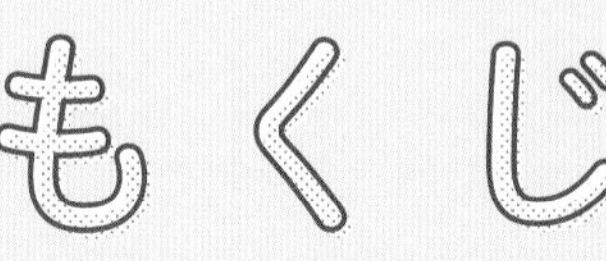

私たちといっしょに、
楽しく学んでいこうね！

武田康男
（気象予報士、空の写真家）

菊池真以
（気象予報士、気象キャスター）

もくじ

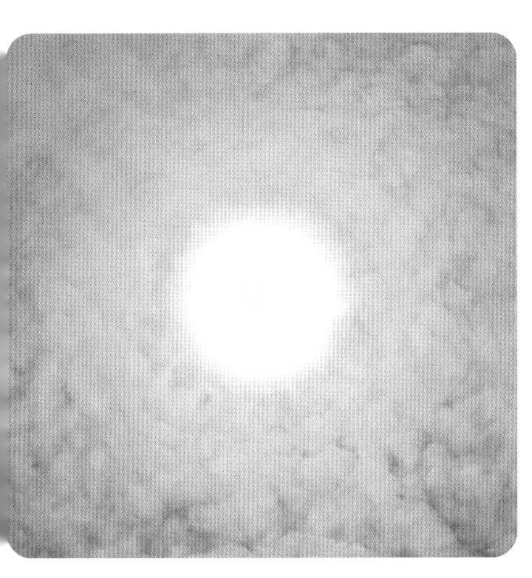

表紙の写真／飛行機の窓から見た雲（上左）、巻積雲の夕焼け雲（上右）、富士山の笠雲（下左）、つるし雲（下右）
裏表紙の写真／積乱雲　扉の写真／積雲

すきな雲を見つけよう

▲太陽の光で虹色(にじいろ)にかがやく高積雲(こうせきうん)。

▲山よりもひくいところにひろがる層雲(そううん)。

空には、ふわふわとしたまるい雲や、はけですっとえがいたような細長い雲、もくもくとした大きな雲など、さまざまな雲がうかんでいます。みなさんはどんな雲がすきですか。雲には、形や高さによっていろいろな種類があります。まずは、自分のすきな雲にはどんな特徴があるのか、知ることから始めてみましょう。しらべていくうちに、だんだんとほかの雲についても知ることができます。

そして、雲のことをよく知って、空をたくさん見あげるようになると、この先の天気を予想できるようになります。たとえば、空高くにヒツジのようなもこもことした形の雲が出ていたら、観察をつづけてみましょう。雲の数がふえていくときは、雨が近いサインです。やがてどんよりとした厚い雲におおわれて雨がふりだすでしょう。反対に、雲と雲のあいだのすきまが大きくなっていったら、晴れの天気がつづきます。

雲は風に流されて、形をかえながら、空を移動していきます。その瞬間に見た雲は、つぎの瞬間にはようすがかわっていて、まったく同じ雲を二度と見ることはできません。ぜひ雲とのであいをたいせつにしてください。この本では、雲はどんなしくみでできていて、どんな特徴があるのか、そして、雲によってできる美しい光の現象まで紹介しています。いっしょに雲の魅力をさぐっていきましょう。　　　（菊池真以）

▲はけでえがいたような巻雲。

▲いもむしみたいな積雲。

▲気象予報士の菊池真以さん。長野県にある燕岳の山頂で。

1章 雲ができるしくみ

水にうつった雲。海や川、湖、水田、地面などの水は、蒸発して水蒸気になり、空気中にふくまれる。水蒸気はやがて上空で冷やされて雲になる。

雲はどのようにしてできる？

空にうかぶ雲の正体は、何でしょうか？雲はどのようにしてできるのでしょうか？雲はふわふわしたかたまりのように見えますが、じつは、空気中の水蒸気が水滴や氷のつぶになって空にうかんだものです。

空気中には、目には見えない水蒸気がふくまれています。「空気が乾燥している」とか「空気がしめっている」などと感じることがありますが、それは空気中にふくまれる水蒸気の量がちがうためです。空気がふくむことができる水蒸気の量は、気温によってかわります。気温が高いほどたくさんの水蒸気をふくむことができ、反対に、気温がひくいと少ししかふくめません。

水蒸気をふくんだ空気は、上昇気流という上にむかう空気の流れにのって上空にはこばれます。上空にいくほど気温がさがるため、空気がふくむことができる水蒸気の量は減少します。すると、ふくみきれなくなった水蒸気は、空気中をただよう小さなちりにくっつき、水滴や氷のつぶになります。

この水滴や氷のつぶがたくさん集まったものが、雲の正体です。

夏には、強い日差しで海や川、地面近くの空気があたためられてどんどん水分が蒸発し、大きな雲ができやすくなります。

▲高さ1万m以上まで発達することもある積乱雲（➡34ページ） 積雲が発達した雲で、雲の上のほうは氷のつぶでできている。

▲地表付近から高さ2000mのところにできる積雲（➡32ページ） もくもくとした雲で、水滴でできている。

気温は地上から100mあがるごとに約0.6℃さがる。たとえば、高さ2000mの上空の気温は、地上よりも約12℃ひくく、高さ1万mの気温は、地上よりも約60℃もひくくなるんだよ。

●雲ができるまで

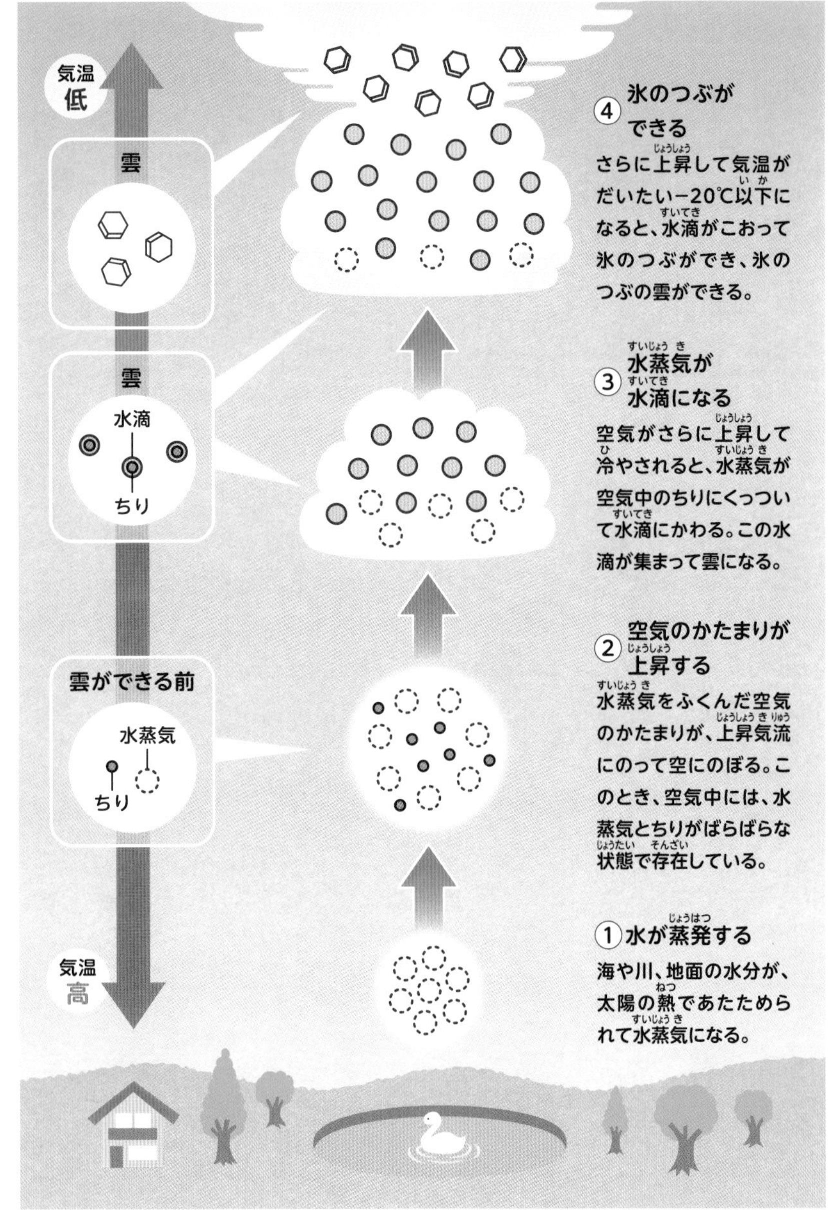

気温 低
気温 高
雲
雲
水滴
ちり
雲ができる前
水蒸気
ちり
④氷のつぶができる
さらに上昇して気温がだいたい−20℃以下になると、水滴がこおって氷のつぶができ、氷のつぶの雲ができる。
③水蒸気が水滴になる
空気がさらに上昇して冷やされると、水蒸気が空気中のちりにくっついて水滴にかわる。この水滴が集まって雲になる。
②空気のかたまりが上昇する
水蒸気をふくんだ空気のかたまりが、上昇気流にのって空にのぼる。このとき、空気中には、水蒸気とちりがばらばらな状態で存在している。
①水が蒸発する
海や川、地面の水分が、太陽の熱であたためられて水蒸気になる。

Information 水の3つの状態

空気中にふくまれる水蒸気、雲をつくる水滴や氷のつぶは、すべて水が変化したものだ。水を冷蔵庫で冷やすと、氷になる。その氷をしばらくほうっておくと、小さくなる。これは、氷の一部が蒸発して水蒸気になったためだ。このように、水は温度によって、水（液体）、氷（固体）、水蒸気（気体）の3つの状態にかわる。気象現象の多くは、水が3つの状態にかわることでおきている。

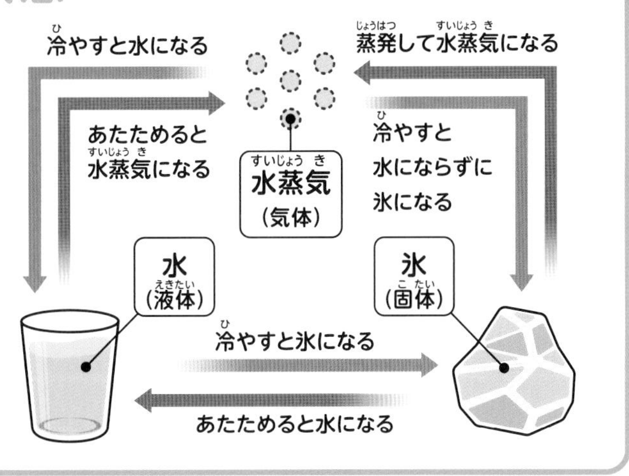

雲はどこでできる?

朝、雲ひとつなかった青空に、ぽつぽつと小さな雲がうかびはじめ、午後になるといつのまにか雲でおおわれていることがあります。雲は、どこでどのようにしてできるのでしょうか。

前のページで、雲は、水蒸気をふくんだ空気が上昇気流にのって上空にはこばれ、上空で冷やされて発生することがわかりました。では、上昇気流は、どんな場所に発生するのでしょうか。

上昇気流が発生して雲ができる場所には、おもにつぎの4つが考えられます。

1 太陽の熱であたためられる場所

晴れている日には、太陽の熱で地面や海面があたためられる。あたためられた空気は軽くなって上昇し、雲ができる。陸地は海よりもあたたまりやすいので、雲ができやすい。

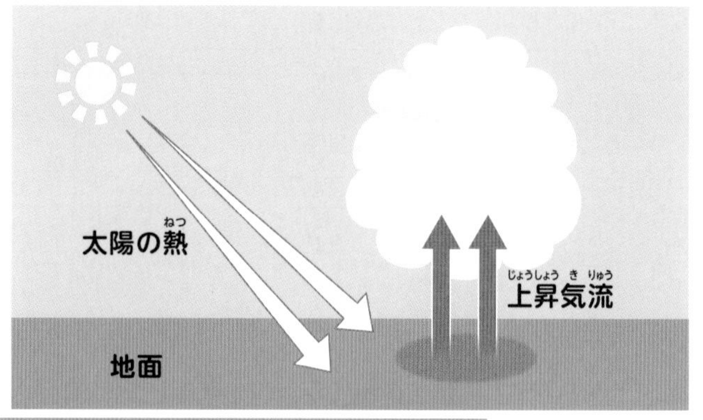

◀富士山に太陽の光があたって地面があたためられ、つぎつぎに発生した雲。

2 低気圧の中心付近

低気圧（➡1巻24ページ）など気圧（空気の重さによってかかる力）のひくい場所では、中心にむかって風がふきこみ、上昇気流が発生する。そこでは大きな雲がつぎつぎと発生する。

▲写真の右下から左上へむかって山の斜面を空気が上昇し、雲が発生した。

3 風が山の斜面にぶつかる場所

上昇気流は、山のように地形が傾斜している場所にも発生する。山に風がぶつかると、空気が山の斜面にそって上昇して雲ができる。「山の天気がかわりやすい」といわれるのは、山ではこうして雲ができやすいためである。

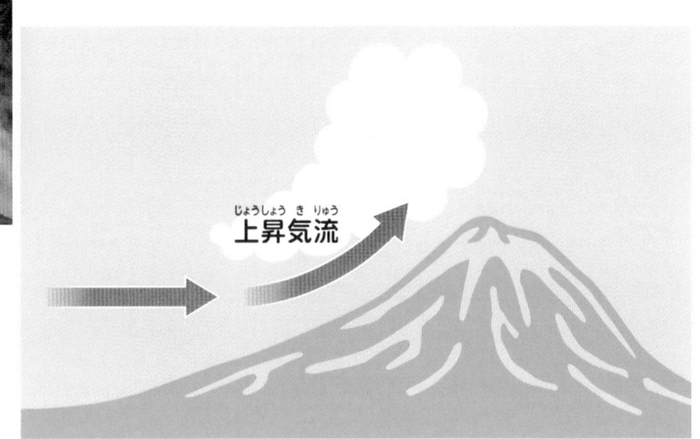

4 暖気と寒気がぶつかる場所

上昇気流は、温度がちがう空気のかたまりがぶつかる場所でも発生する。あたたかい空気のかたまり（暖気）とつめたい空気のかたまり（寒気）がぶつかったとき、暖気のほうがいきおいが強いと、暖気が寒気の上にのりあげて上昇気流が発生し、雲ができる。寒気のほうが強いと、寒気が暖気の下にもぐりこんで暖気をおしあげ、この場合も上昇気流が発生して雲ができる。

▶寒気の上に暖気が持ちあがり、たくさんの雲が発生した。

●暖気が寒気にのりあげる場合

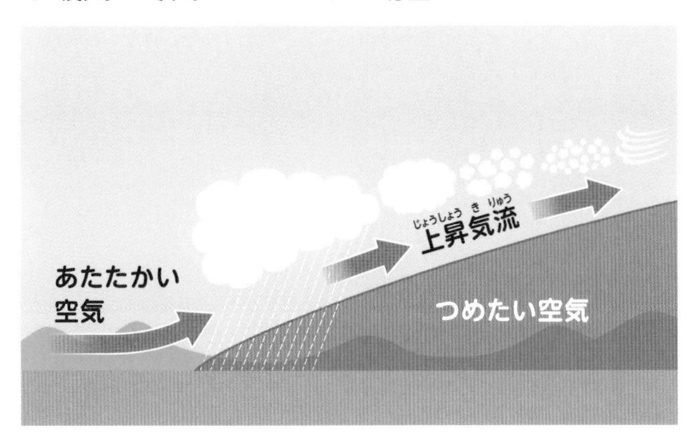

●寒気が暖気の下にもぐりこむ場合

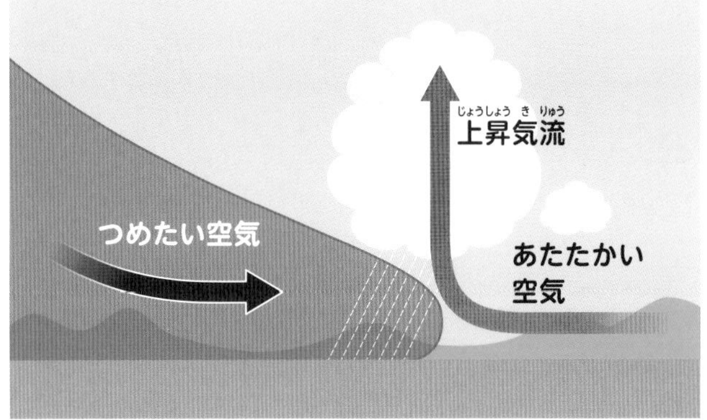

雲が生まれた！

▲うっすらと見える白いかたまり。

▲少しずつ形がはっきりしてきて、小さな雲ができる。

雲ができる瞬間、消える瞬間を観察しよう

雲は、たえず変化しています。上空をふいている風に流されて、大きくなったり、小さくなったり、まるくなったり、細長くなったり、同じ雲にであうことは二度とありません。

そして、私たちのすぐ頭の上で小さな雲が生まれたり、さっきまでうかんでいた雲が消えてしまったりすることもあります。雲が消えるのは、上空の空気が乾燥しているためです。湿度(空気中にふくまれる水蒸気の割合)がひくい場所では、雲はできません。そんな場所に雲が流れていくと、目には見えない水蒸気にかわってしまうのです。

身近なところでも
雲はできたり、消えたり
しているんだ。
空を見あげて雲を
観察してみよう。

雲が消えた！

▲空にうかぶ小さな雲。

▲雲の形が少しずつくずれていく。

▲小さな雲どうしがくっつく。

▲少し大きな雲になった！

Information

日本一日照時間が長い山梨県の明野町

山梨県北杜市明野町は、「日照時間日本一」で知られている。晴れの天気が多いのは、明野町の地形と関係がある。明野町は、周囲を3000m近い山やまにかこまれている。雲をはこんでくる風が、南側の富士山や西側につらなる南アルプスの山やまにぶつかると、雨をふらせて雲が消えていく。そして、乾燥した空気が下降気流になってふきおりているためだ。しかも、この地域を流れる塩川という川ぞいには一年をとおして風がふき、雲をつくる上昇気流がおこりにくい。そのため、明野町は晴れの天気が多いとされている。

▲**南アルプス**　山で雲が消えて明野町にやってこない。

（提供：北杜市）

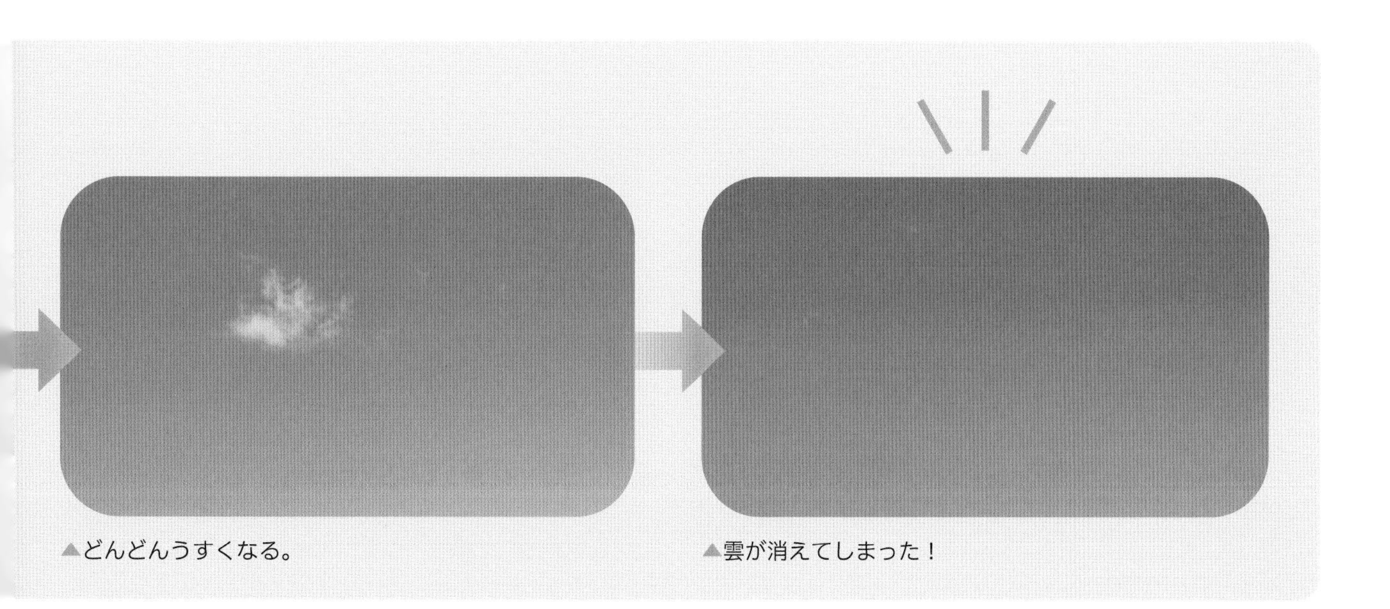

▲どんどんうすくなる。

▲雲が消えてしまった！

飛行機雲はどうしてできる？

4本の白いすじをえがきながら飛ぶ飛行機。飛行機雲の本数は飛行機のエンジンの数によってちがう。エンジンが2つある飛行機では2本、4つある飛行機では4本の飛行機雲ができる。

青空に、飛行機が白いすじをえがきながら飛んでいることがあります。この白いすじは、飛行機雲とよばれるものです。飛行機雲は、高度1万m前後で、－40℃以下の上空を飛ぶ飛行機（ジェットエンジンで飛ぶジェット機）の後ろにできる雲です。ひくい空では飛行機雲はほとんどできません。

飛行機は、エンジンから排気ガスを出しながら飛びます。排気ガスには、水蒸気とちりが大量にふくまれています。この水蒸気は、－40℃以下の上空で急激に冷やされてちりとくっつき、氷のつぶでできた雲にかわります。これが飛行機雲です。

ただし、できてもすぐに消えてしまうことがあります。上空の空気が乾燥しているためで、こんなときは晴れの天気がつづきます。反対に、いつまでも消えずに長くのびたりするときは、上空の空気がしめっているときです。「飛行機雲がずっとのこっていると雨が近い」といわれるように天気は悪くなります。

飛行機雲のできかた

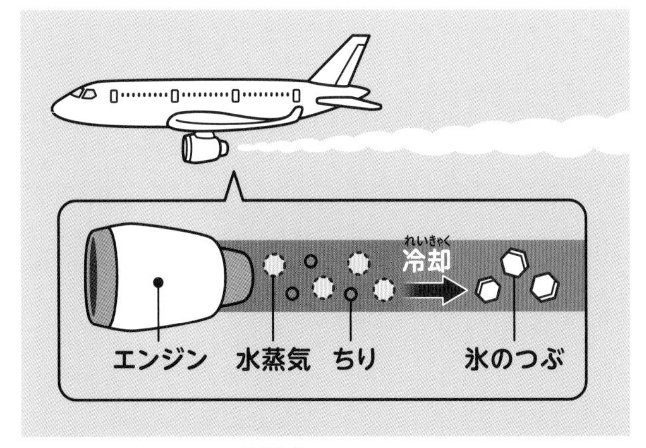

▲エンジンから出た水蒸気が、空気中のちりにくっつき、冷やされて氷のつぶができる。

▲**空にたくさんうかぶ飛行機雲**　上空の空気がしめっていると、飛行機雲がのこりやすくなり、何本もの飛行機雲が見られることがある。

▲**からみあった飛行機雲**　空気がしめっていると、つばさからも飛行機雲ができて、太く大きくなる。

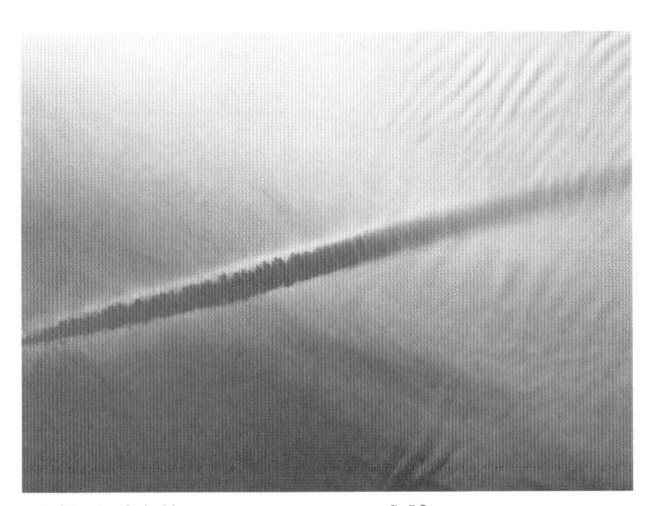

▲**消滅飛行機雲**　飛行機が雲の中を飛行すると、エンジンから出た熱で雲が消されてしまうことがある。

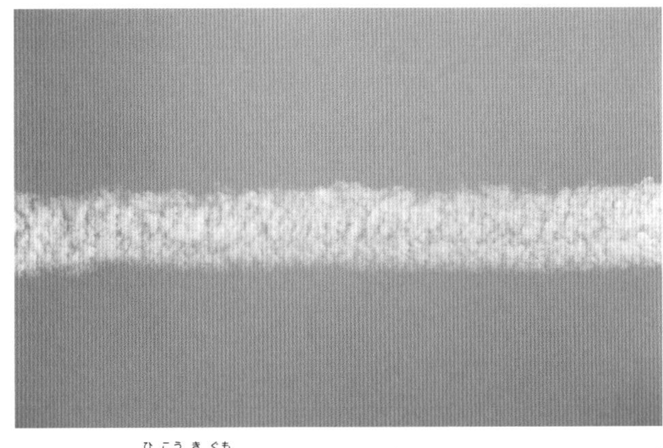

▲**雲になる飛行機雲**　上空の空気がしめっていると、だんだんひろがって巻積雲（➡18ページ）に変化することもある。

飛行機雲を見れば、天気を予測することができるよ。飛行機雲を見つけたら、どんなふうに変化するのか、観察してみよう。

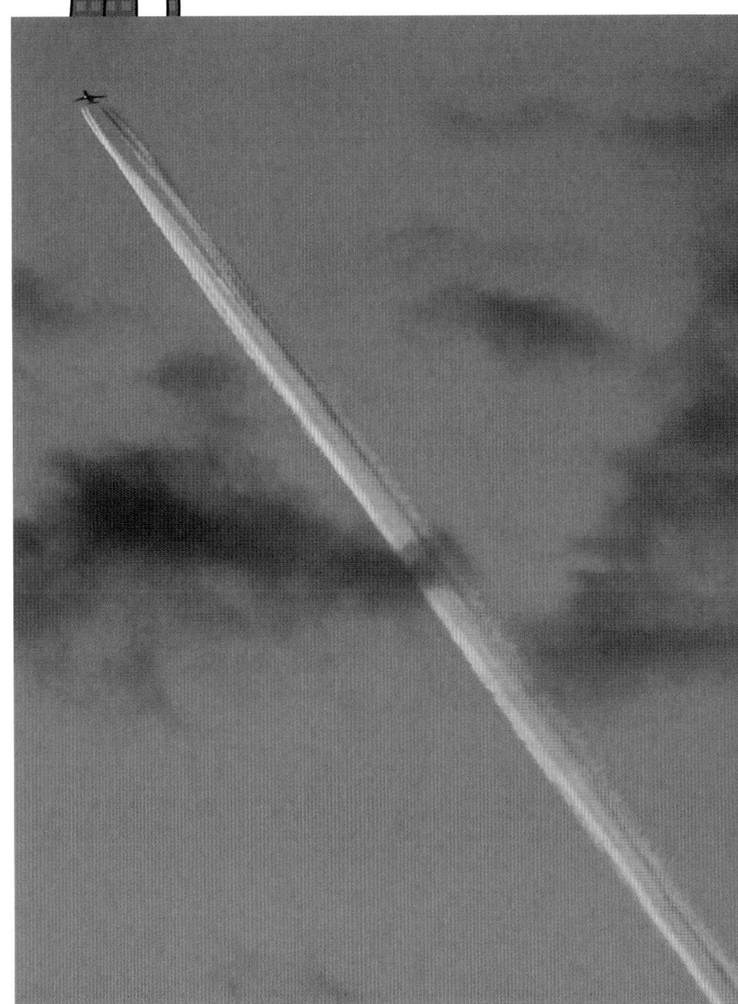

▲**夕日にそまった飛行機雲**　飛行機雲は空高く、夕日があたると、赤やオレンジ色にかがやくことがある。

2章 10種類に分けられる雲

雲を形や高さで見わけよう

雲にはいろいろな形があります。世界気象機関（WMO）では、雲を形や高さによって、巻雲、巻積雲、巻層雲、高積雲、高層雲、乱層雲、層積雲、層雲、積雲、積乱雲の10種類に分けています。この10種類の雲を「10種雲形」とよびます。

雲は、地上からの高さによってできる種類がちがい、下の表のように5000～1万3000mの上層にできる雲、2000～7000mの中層にできる雲、地表付近から2000mの下層にできる雲の3つに分けられます。上層の雲は高度1万m付近を飛行する飛行機とほぼ同じくらいの高さにうかび、下層の雲は標高3776mの富士山よりもひくい場所にうかんでいます。

雲にはそれぞれ、はげしい雨をふらせるものや弱い雨をふらせるもの、雨をふらせないものなどの特徴があります。雲を観察すれば、天気の変化をあるていど予測することができます。

●雲の名前のきまり

巻	上層にできる雲。
高	中層にできる雲。
積	もこもことわりあがる雲。
層	横にひろがる層状の雲。
乱	雨や雪をふらせる雲。

▶雲の名前に使われている漢字を見れば、おおよその特徴がわかる。

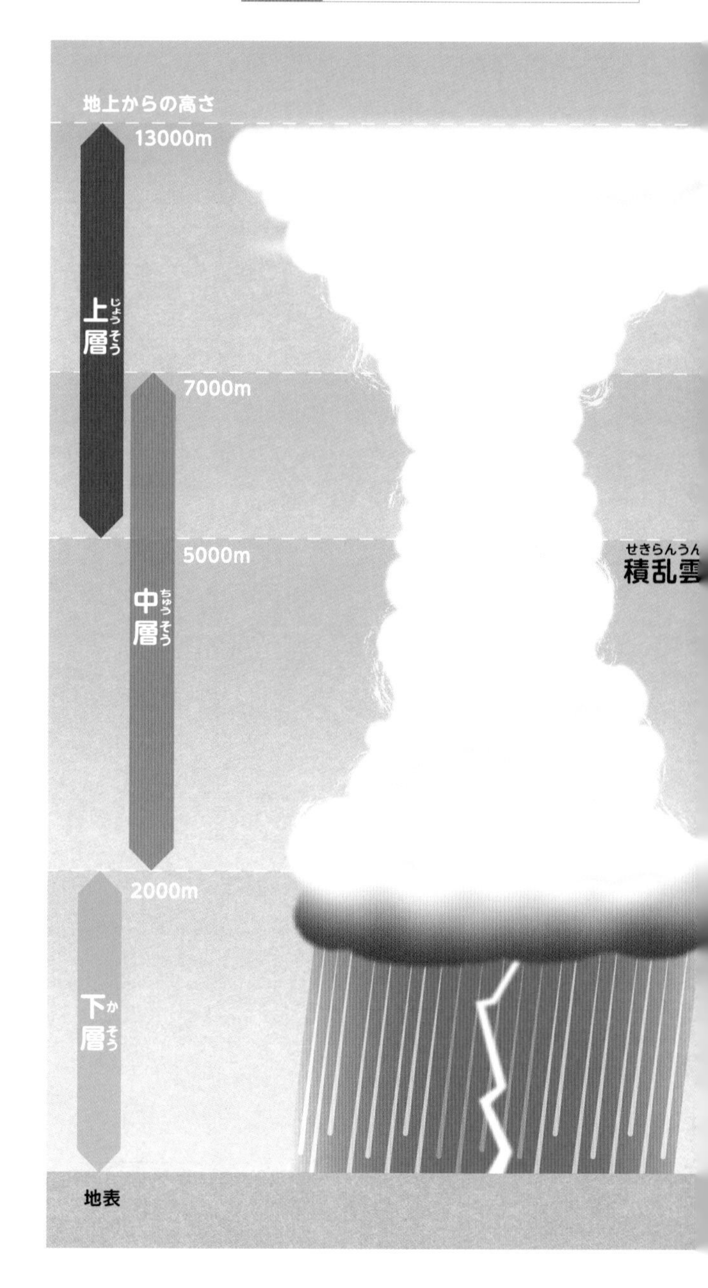

●10種雲形

地上からの高さ		雲の名前	別名	雲のつぶ
上層	5000～1万3000m	巻雲	すじ雲	氷
		巻積雲	うろこ雲	水滴(氷)
		巻層雲	うす雲	氷
中層	2000～7000m	高積雲	ひつじ雲	水滴
		高層雲	おぼろ雲	水滴
		乱層雲	あま雲	水滴・氷
下層	地表付近～2000m	層積雲	うね雲	水滴
		層雲	きり雲	水滴
		積雲	わた雲	水滴
		積乱雲	にゅうどう雲	水滴・氷

※積雲は下層から中層まで、積乱雲は下層から上層まで発達することがある。

たとえば、高積雲(こうせきうん)は、
「高さ 2000 ～ 7000m
の中層(ちゅうそう)にできる、
もこもことした雲」
だよ。

▲**飛行機の窓から見たいろいろな雲**　飛行機の窓からは、地上から見あげるときよりも、雲の高さのちがいがよくわかる。

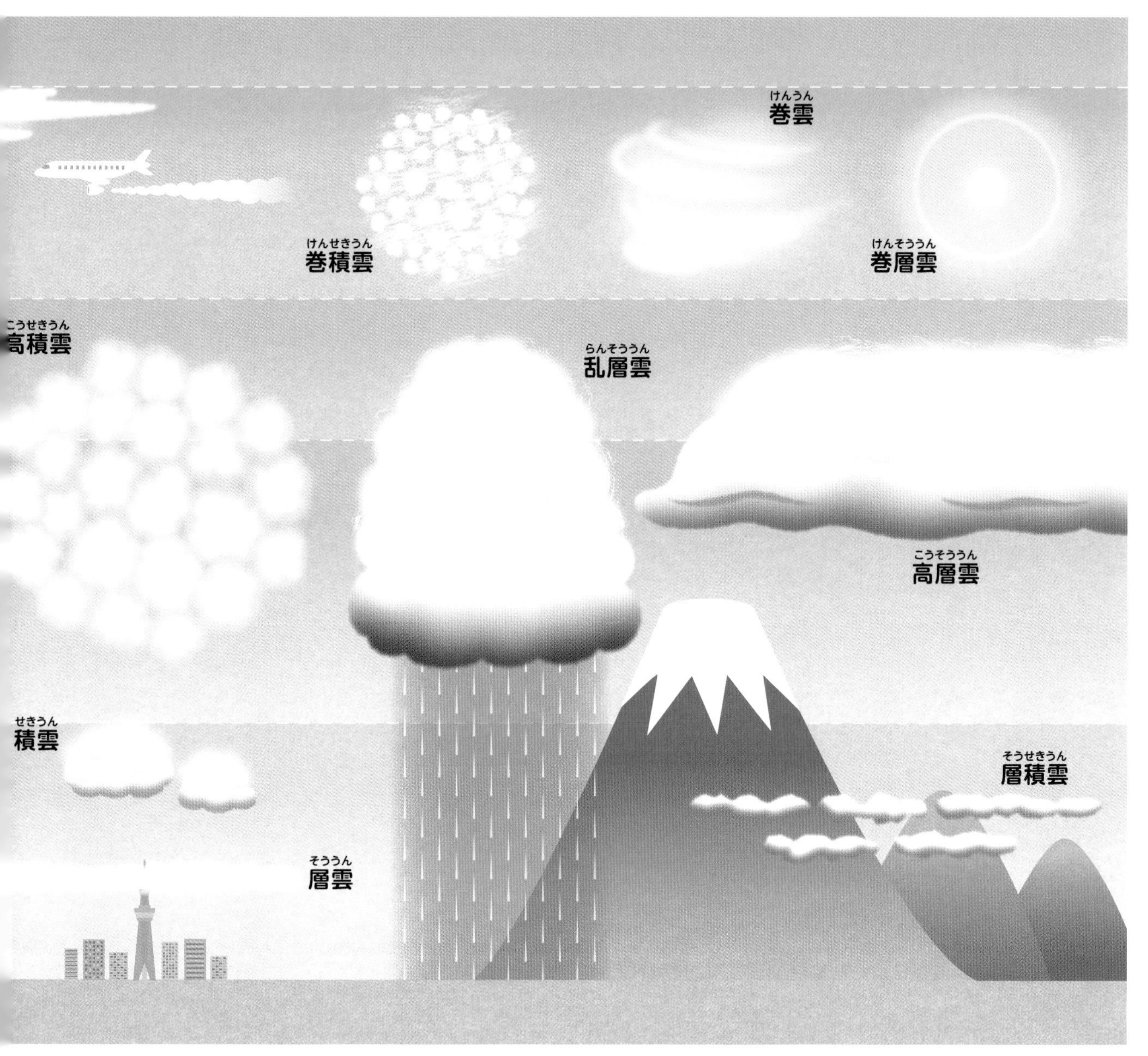

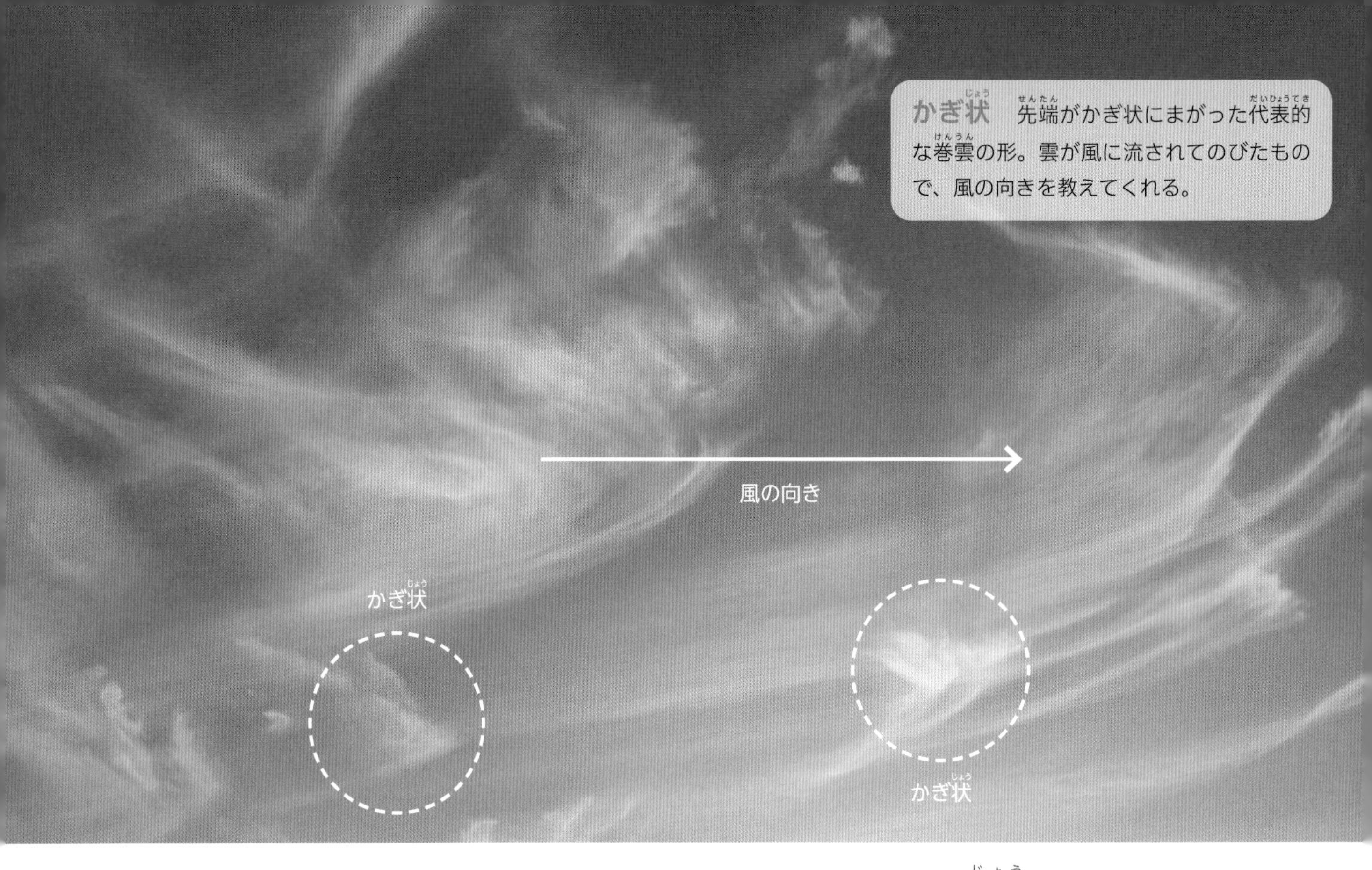

かぎ状 先端がかぎ状にまがった代表的な巻雲の形。雲が風に流されてのびたもので、風の向きを教えてくれる。

もっとも高い空にできるすじ状の雲

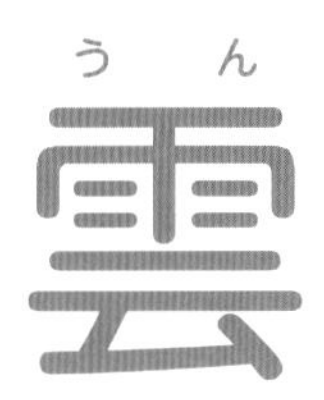

巻雲は、はけでえがいたような、うすいすじ状の雲です。10種のうちで、空のもっとも高い、気温が－20℃～－60℃のところにできます。小さな氷のつぶからできていて、下に落ちながら風に流され、すじのようなもようになります。氷のつぶは、太陽の光をきらきらと反射（光がものにあたってはねかえること）して真っ白にかがやきます。

先端がかぎ状にまがった雲が代表的な形ですが、上層を流れる風の強さによって、すじが長くのびたり、からみあったりします。低気圧や台風が接近しているときは、真っ先にあらわれ、つぎに巻積雲や高層雲があらわれると、天気がくずれることが多いです。

雲ができる高さ	5000～1万3000ｍ
別名	すじ雲
特徴	かぎ状、羽毛のような形、ろっ骨のような形、放射状など、いろいろな形になる。

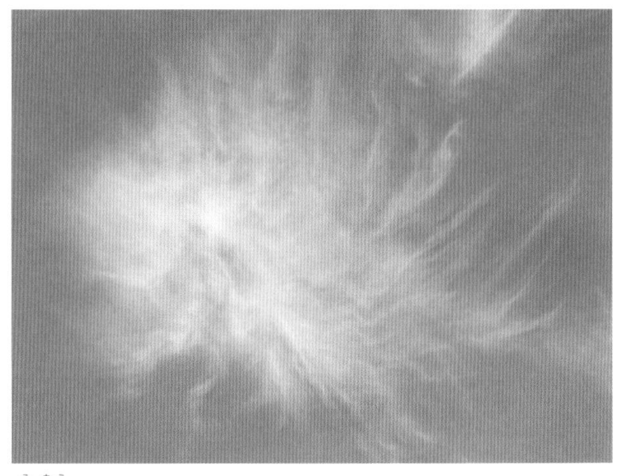

羽毛のような形 上層の風の流れが弱いと、複数の巻雲がからみあい、このような形になる。

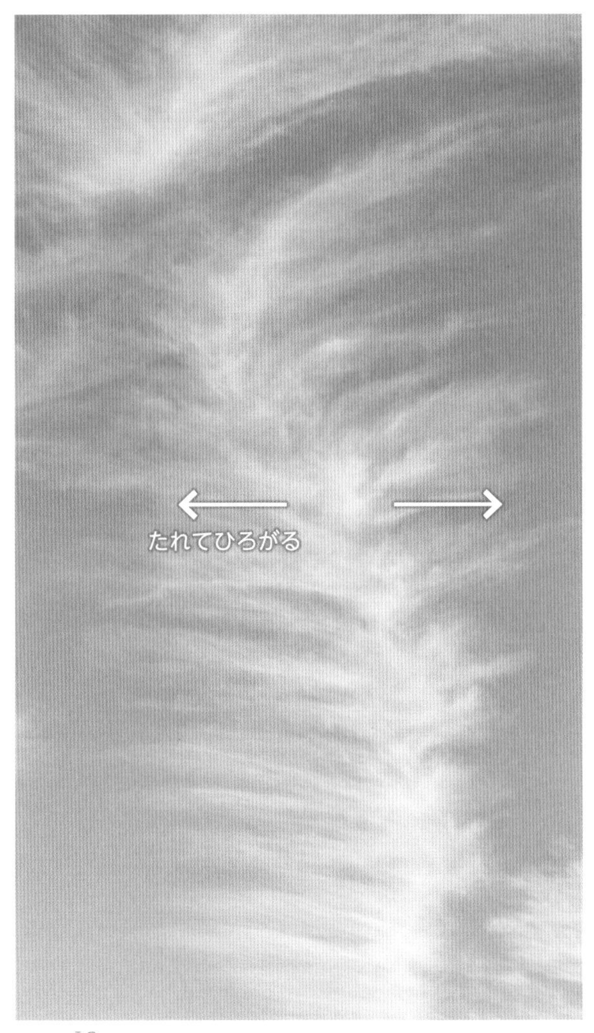

ろっ骨のような形　中心にある太い背骨のような部分が上層の風に流されていくとき、氷のつぶが落下して左右にたれさがってひろがる。

二重の巻雲　空の高さによって風の向きがちがうときは、2つの向きの巻雲が同時にあらわれる。台風が近づいているときなどにしばしば見られる。

夕焼け雲

上の写真は、夕日があたって、だいだい色にそまった巻雲だよ。巻雲は、日の出前にもっとも早く朝焼け雲になり、夕焼けのときは、夕日に最後まで照らされるんだ。

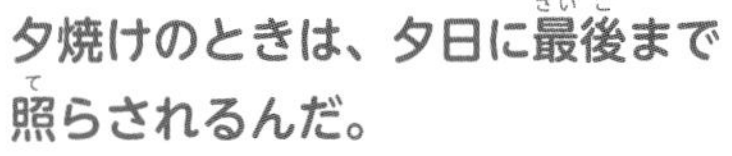

放射状　放射状に見えるのは遠近効果のためで、実際はほぼ平行にならんでいる。天気がかわりやすく、このあとは雨や風に注意したい。

魚のうろこのようなまるい小さな雲がならぶ、代表的な巻積雲。

空一面にひろがる小さなうろこのような雲

巻積雲

巻積雲は、とても小さな綿のようなかたまりがたくさん集まった雲です。そのようすが、魚のうろこやイワシの群れ、サバのもように見えることから、「うろこ雲」「いわし雲」「さば雲」とよばれます。高積雲（➡22ページ）とにていますが、高積雲よりも高いところにあらわれる雲で、水滴や氷のつぶでできています。形が変化しやすく、波のような形になったり、はちの巣のような形になったりします。突然あらわれて、いつの間にか消えてなくなることもあります。

雨をふらせる雲ではありませんが、低気圧が接近しているときにあらわれやすく、1～3日後には天気が悪くなるおそれがあります。

雲ができる高さ	5000～1万3000m
別名	うろこ雲、いわし雲、さば雲
特徴	うろこ、波のような形、はちの巣のような形など、短時間のうちにいろいろな形になる。

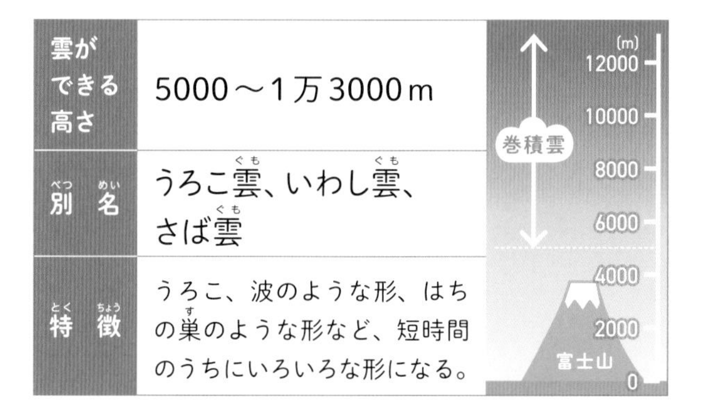

波のような形 上空の風に流されると、さざ波のような形になることがある。「さば雲」ともよばれる。

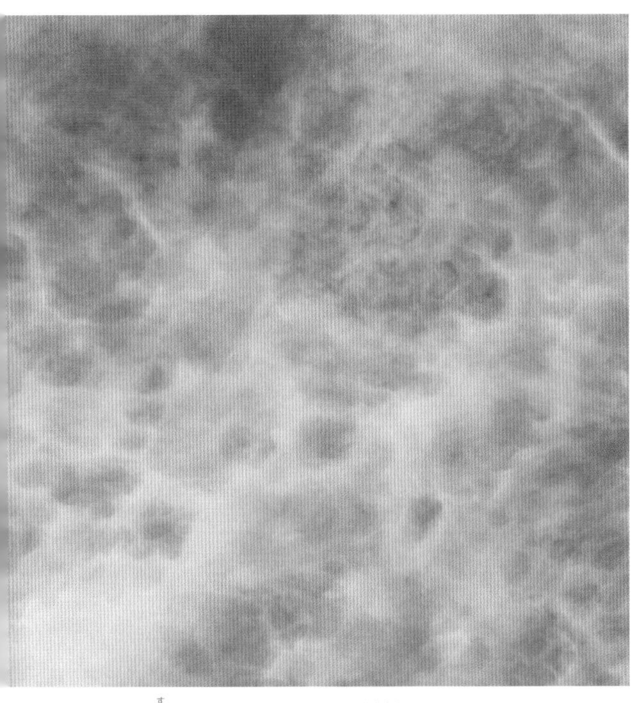

はちの巣のような形 巻積雲が消えていくとき、たくさんのあながあいたような状態になる。この雲は短時間で消えることが多い。

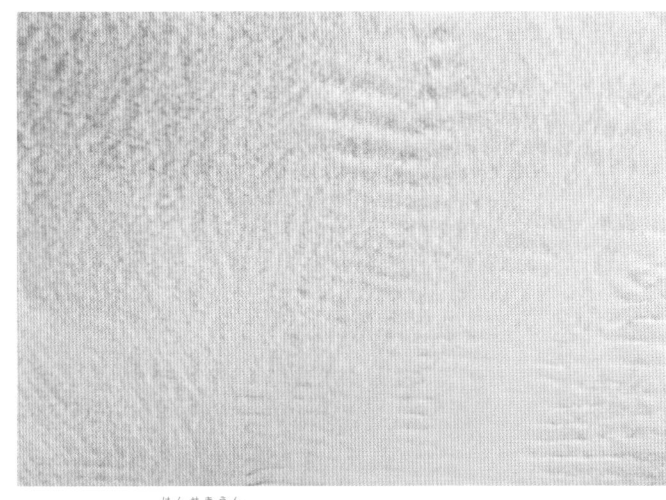

空をおおう巻積雲 無数の巻積雲のかたまりが空全体をうめつくすようにひろがった状態で、まるで巻層雲（➡20ページ）のように見える。

夕焼け雲

巻積雲に夕日があたると、おもしろいもようの夕焼け雲が見られるよ。ぜひ観察してみよう。

光環 巻積雲や高積雲などが太陽をおおうと、太陽のまわりにうっすらと虹色の輪ができることがある。これを「光環」という。

空一面にうっすらとひろがる代表的な巻層雲。
巻層雲におおわれると、空が白く明るく見える。

高い空にうっすらとひろがるベールのような雲

巻層雲（けんそううん）

巻層雲は、空一面にうっすらとひろがる雲です。気温が－20℃～－60℃の高いところにできる雲で、氷のつぶからできています。この雲が太陽をおおうと、太陽の光が氷のつぶによって屈折（光がおれまがってすすむこと）し、さまざまな光の現象が見られることがあります。

巻雲（➡16ページ）と同じくらいの高さにできる雲で、巻雲がまとまって巻層雲になることもあります。低気圧が接近すると発生しやすく、巻層雲が厚みをますと天気は下り坂です。日がさや月がさがあらわれたつぎの日は、天気がくずれることが多く、「日がさ月がさは雨のきざし」といわれます。

雲ができる高さ	5000～1万3000m
別名	うす雲
特徴	日がさや月がさ、環水平アークなど、いろいろな光の現象が見られる。

すじ状 空一面にすじのもようの雲がひろがることがある。巻雲が巻層雲にかわるときなどに見られる。

環水平アーク　巻層雲や巻雲がひろがるとき、春から夏の昼前後に、太陽の下のほうに虹のような帯がのびることがある。この虹の帯を「環水平アーク」という。

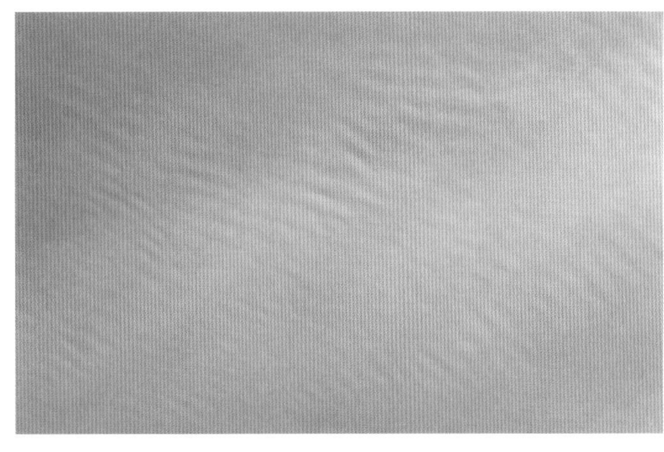

波のような形　上空の風の流れが強いと、さざ波が立っているようなもようができる。

巻層雲に夕日があたると、もようがあまりない夕焼け雲になることが多いんだよ。

日がさ　巻層雲が太陽や月をおおうと、太陽や月のまわりに大きな光の輪ができることがある。太陽にできるものを「日がさ」、月にできるものを「月がさ」という。

ヒツジの群れのようにならぶ代表的な高積雲。

ヒツジの群れのように見えるまるい雲の集まり

高積雲

高積雲は、もこもことしたまるいかたまりがたくさん集まった雲です。そのようすがヒツジの群れのように見えることから「ひつじ雲」とか「むら雲（群雲）」とよばれます。巻積雲（➡18ページ）とにていますが、巻積雲よりもひくいところにでき、ひとつひとつの雲も巻積雲よりも大きくて厚みがあります。

低気圧が接近しているときによく見られ、天気のかわり目を知らせる雲といわれています。雲のすきまから青空が見えるときは天気がくずれる心配はありません。ただし、雲がふえてすきまがなくなったり、すきまからほかの雲が見えたりすると、天気はしだいに悪くなります。

雲ができる高さ	2000～7000 m
別名	ひつじ雲、まだら雲、むら雲（群雲）
特徴	まだら雲、しまもよう、レンズ雲など、いろいろな形になる。

▲上空の風に流されると、ヒツジの群れが行進しているようにならぶことがある。

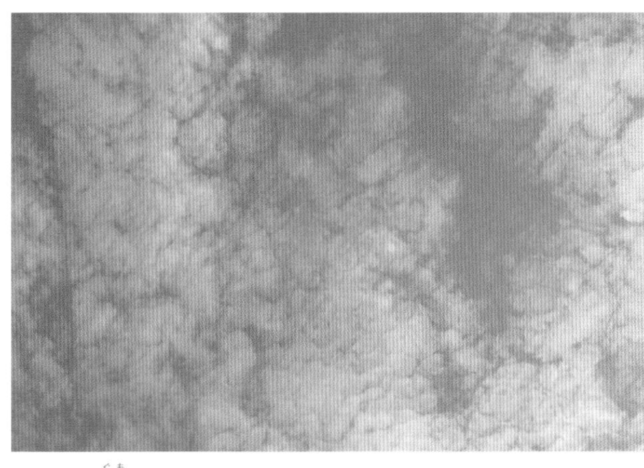

まだら雲　うすい高積雲がひろがるようす。空がまだらもように見えることから「まだら雲」ともよばれる。

空をおおう高積雲　高積雲がふえて、雲どうしのすきまがなくなってくると、天気がしだいに悪くなる。

レンズ雲　低気圧や前線が接近して上空にしめった強い風がふいていると、凸レンズのような形の雲ができる。「レンズ雲」とよばれる。

しまもよう　上空に風がふいていると、風が上下してしまもようができる。形がくずれやすく、短時間で変化する。

夕焼け雲

高積雲は、巻積雲よりもひくいので、より早く夕焼け雲になるよ。でこぼこしたおもしろい形が見られることが多いよ。

空をおおう高層雲。雲の底からのびるしっぽのようなものは、「尾流雲」とよばれる。雨や雪がふるとちゅうで蒸発しているもので、地面まではとどいていない。

空をおおう、やや厚い灰色の雲

高層雲

雲ができる高さ	2000～7000ｍ
別名	おぼろ雲
特徴	べたーっとした雲で、もようはほとんど見られない。

(m)
12000
10000
8000
6000
4000
2000
0
高層雲
富士山

高層雲は、空全体をおおうようにひろがる灰色の雲です。雲の厚さは数百～数千mになることもあり、この雲がひろがると、太陽の光はさえぎられてくもり空になります。

雲がややうすい場合は、雲をとおして太陽がぼんやりと見えることから、「おぼろ雲」ともよばれます。ただし、巻層雲（➡20ページ）よりも厚い雲です。また、氷のつぶでできた巻層雲には「かさ」ができますが、水滴でできた高層雲に「かさ」はできません。

低気圧が接近しているときに発生しますが、雨をふらせることはほとんどありません。しかし、厚みがますと、乱層雲（➡26ページ）にかわり雨がふりだします。

おぼろ雲 高層雲がひろがると、太陽は存在がぼんやりとわかるていどになる。

ぶ厚くなった高層雲

高層雲が厚みをまして暗い灰色になると、太陽の光はほとんどとどかなくなる。

二層の高層雲 高層雲はちがう高さにできることがあり、それらが上下に重なって見えることがある。

波のような形 低気圧や前線が接近しているときなど、上空に風がふいていると、波打つようなもようができる。

乳房雲 雲の水分が多く、雲の底からまるいこぶが無数にたれさがる。ウシの乳房のように見えることから「乳房雲」とよばれる。このあとは雨がふりだすことが多い。

しとしとと雨をふらせる乱層雲。雲がぶ厚いので、底のほうが暗い灰色をしている。

広い範囲に雨や雪をふらせるぶ厚い雲

乱層雲

雲ができる高さ	2000～7000m
別名	あま雲、ゆき雲
特徴	雨や雪をふらせる代表的な雲。

乱層雲は、雨や雪をふらせる暗い灰色をした雲です。高層雲（➡24ページ）が厚みをました雲で、上層や下層にまでひろがることもあります。この雲におおわれると、太陽の光が完全にさえぎられて昼間でもうす暗くなります。

雨のふり方は、積乱雲（➡34ページ）ほど強くありませんが、しとしとと弱い雨を数時間から数日間ふらせます。

乱層雲は、雲の底にちぎれたような小さな雲ができることがあります。これを「ちぎれ雲」といいます。ちぎれ雲が見られると、そのときは雨がふっていなくても、まもなくふりだします。

ゆき雲　雪がふってくるときは、雲の下がもやもやとしてはっきりと見えない。

ちぎれ雲　乱層雲のすぐ下にちぎれたような雲がいくつもうかんでいる。

梅雨の乱層雲　梅雨の前半は乱層雲が発生することが多い。乱層雲が空をおおうと弱い雨がつづく。

空をおおう乱層雲　空が暗くなり、雲がさがっているところでは雨がふりやすい。

空のひくいところにうかぶ層積雲。厚みがあるので、雲の底は灰色に見える。

空のひくいところにできる、うねのような形の雲

層積雲

層積雲は、ひくい空に雲のかたまりがつらなってならびます。そのようすが、畑のうねのように見えることから「うね雲」ともよばれます。一年をとおしてよく見られる雲のひとつです。

この雲が空一面をおおっても、天気がくずれる心配はほとんどありません。ただし、雲が厚みをますと、ごく弱い雨がふることがあります。晴れた空に急にひろがって、くもらせるので、「忍者雲」ともよばれます。天気を予報するのがむずかしい雲のひとつです。

標高の高い山から雲が海のように見えるようすを「雲海」といいますが、雲海は層積雲や層雲（➡30ページ）のことが多いです。

雲ができる高さ	地表付近〜2000m
別名	うね雲、くもり雲
特徴	ロール状やうねのような形、波のような形、レンズ雲など、いろいろな形になる。

波のような形 風に流された層積雲が等間隔にならんだもので、雲のあいだから青空が見えるときは雨の心配は少なく、すぐに消えることもある。

忍者雲 層積雲は急にあらわれて天気予報がはずれることがあり、気象予報士泣かせの雲なので「忍者雲」ともよばれる。

荒底雲（アスペラトゥス波状雲） 海があれくるっているように見える層積雲で、2017年に世界気象機関（WMO）に新種の雲として承認された。

天使のはしご

層積雲が空をおおうと、雲のすきまから太陽の光がもれて地上にふりそそぐんだ。これを「天使のはしご」とか「光芒」というんだよ。

雲海 層積雲がひろがっているとき、高い山から見おろすと、雲が海のように見える。

平地にできた層雲。朝にできた霧が上昇して地面からはなれ、層雲になった。

地表に近いところにひろがる霧のような雲

層雲

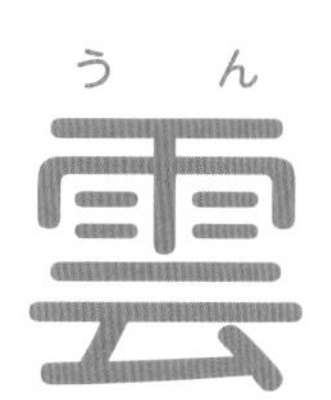

雲ができる高さ	地表付近～2000m
別名	きり雲
特徴	10種のうちで、もっとも地面に近いところにできる。

(m) 12000 10000 8000 6000 4000 2000 0 層雲 富士山

層雲は、10種のうちで、もっともひくいところにできる雲で、地上から600mくらいにひろがることが多いです。高さ634mの東京スカイツリーの上部をかくしてしまうこともよくあります。

霧のようにひろがるので「きり雲」ともよばれますが、霧とはちがい、雲の底が地面からはなれています。ただし、霧が上昇して地面からはなれて層雲になることも多いです。

湖や川、盆地などで気温がさがって冷えた朝や、雨あがりの翌朝などにできやすく、太陽がのぼって気温があがると、しだいにうすくなって消えてしまいます。まれに霧雨とよばれる、とても弱い雨をふらせます。

雲海　層雲は空のひくいところにできるので、ひくい山や丘からは、雲海となって見える。

朝の湖上にできた層雲（そううん） 湖や川などの水分が多い場所では、気温がひくい朝に層雲が発生しやすい。

消えていく層雲（そううん） 朝日であたためられると、層雲はすぐに消えてしまう。

層雲（そううん）（上）と霧（きり）（下） ひくい空にういていると層雲、地面についていると霧とよばれる。

Information 霧（きり）と雲

霧（きり）は、雲と同じで、空気中の水蒸気（すいじょうき）が冷（ひ）やされて水滴（すいてき）に変化したものだ。雲はふつう、水蒸気をふくんだ空気が上昇（じょうしょう）して冷えることによってできるが、霧は、あたたかくてしめった空気が、海や湖の上、地表近くで冷やされて発生することが多い。霧には、湖にできる霧、海にできる霧、山にできる霧などがあり、霧が発生すると1km先も見通せなくなる。

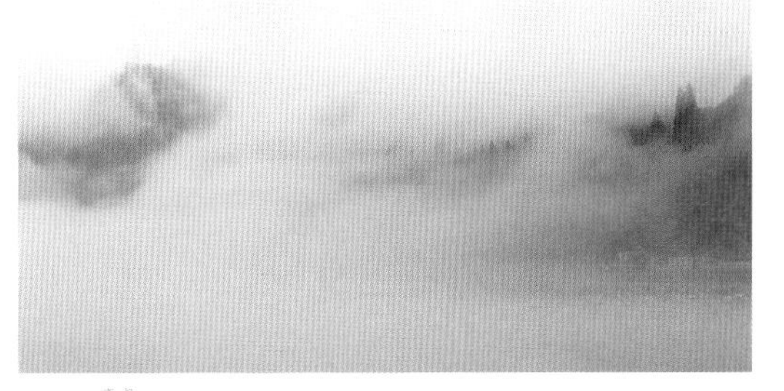

湖の霧（きり） 霧は水分が多い場所にできる。上昇（じょうしょう）して層雲（そううん）になりやすい。

青空にうかぶ代表的な形の積雲。晴れて大気が安定している日中にあらわれるものは「好天積雲」とよばれる。

青空にぽっかりとうかぶシュークリームのような雲

積雲

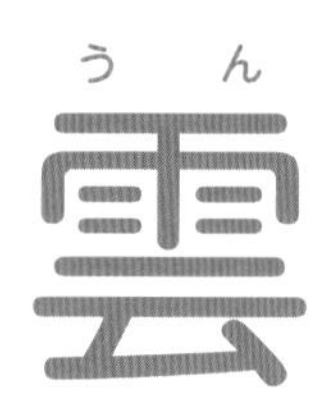

積雲は、空のひくいところにうかぶ、もくもくとした雲です。綿のかたまりのように見えることから「わた雲」ともよばれます。

発生したばかりの積雲は平たい形をしていますが、気温があがると、綿状のかたまりになります。この雲はたいてい、夕方になると小さくなり、やがて消えてなくなります。

積雲は、とくに、強い日差しで地面があたためられたり、低気圧が接近したりして大気の状態が不安定になると、もくもくと上にむかって発達します。この状態を雄大雲（雄大積雲）といい、にわか雨をふらせることがあります。さらに発達すると、積乱雲(➡34ページ）になり、はげしい雨をふらせます。

雲ができる高さ	地表付近〜2000ｍ
別名	わた雲、つみ雲、にゅうどう雲
特徴	扁平雲、並雲、雄大雲へと発達し、積乱雲になることもある。

※上部は中層まで発達することがある。

扁平雲　平たい形をした積雲は「扁平雲」とよばれる。気温のひくいときに多い。

おもしろい形の積雲を見つけよう

積雲は、風や気温などに影響されていろいろな形に変化するよ。おもしろい形の積雲を見つけたら、名前をつけてみよう。

火をふくドラゴン。
いつもいっしょ。ねずみの親子。
角を出したカタツムリ。
青い空を泳ぐ魚。
青空にクロワッサン。
山の上を歩く巨大なゾウ。

並雲　上にもくもくと発達した雲で、「並雲」とよばれる。厚みがあるため、雲の底が暗くなっている。

雄大雲　山のようにもりあがった雲で、高さは2000ｍをこえる。さらに発達すると積乱雲になることもある。雄大雲や積乱雲は「にゅうどう雲」ともよばれる。

空高くもりあがった積乱雲。山のようにそびえたつ積乱雲は「雲の峰」とよばれる。

短い時間にはげしい雨をふらせる雲

積乱雲

積乱雲は、積雲が上にむかって発達した巨大な雲です。積乱雲の中では強い上昇気流がおきていて、数十分で大きく発達します。雲ができる限界の高さである1万3000m前後まで達すると、それ以上発達できなくなり上部が平らにひろがります。その形が金属をきたえる鉄製の台のかなとこににているので、「かなとこ雲」とよばれます。

雲の下の方は水滴、気温のひくい上部は氷のつぶでできています。たくさんの水分をふくむため、短時間にはげしい雨をふらせます。かみなりやたつまきをおこすこともあります。夏を代表する雲ですが、日本海側では冬にも発生して大雪をふらせます。

雲ができる高さ	地表付近〜1万3000m
別名	にゅうどう雲、かみなり雲、ゆうだち雲
特徴	短時間で高さ1万3000mまで発達し、かなとこ雲になる。

発達する積乱雲 もう少し高くなると成層圏（地球をとりまく対流圏の上の大気の層）に達して横にひろがる。

かなとこ

かなとこ雲 積乱雲がもっとも発達した形で、雲の上部が平らにひろがっている。

夕焼け雲

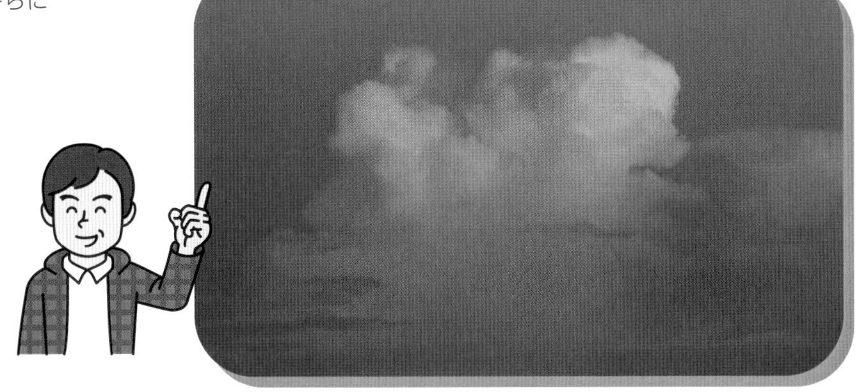

夕日にそまってだいだい色にかがやく積乱雲だよ。高く発達した積乱雲の上のほうは、最後に夕日に照らされるんだ。

雨柱 雲の底からはげしい雨がふっているのが見える。雨のすじが太い柱のように見えるので「雨柱」とよばれる。

雨をふらせる積乱雲 10種のうちでもっとも厚みのある雲で、雲の底は真っ黒になる。この雲におおわれると太陽の光はさえぎられ、昼間でも夕方のように暗くなる。

3章 おもしろい雲　ふしぎな雲

富士山にできる雲を見てみよう

富士山には、山をこえる風によって「笠雲」や「つるし雲」など、ふしぎな形をした雲が発生します。

笠雲は、富士山など、まわりに高い山がない独立した山の山頂で多く見られる雲です。海からふきつけるしめった風が斜面をかけあがると、まるで山が笠をかぶったような形の雲ができます。20種類もあるといわれ、季節によって形やあらわれかたがちがいます。

つるし雲は、まるで空からつるしたようにうかんでいる雲で、富士山から少しはなれたところにあらわれます。山をこえた風が、側面をまわりこむようにふいている風とぶつかって発生します。円盤のような形、つばさのような形など、いろいろあります。

●笠雲、つるし雲のできかた

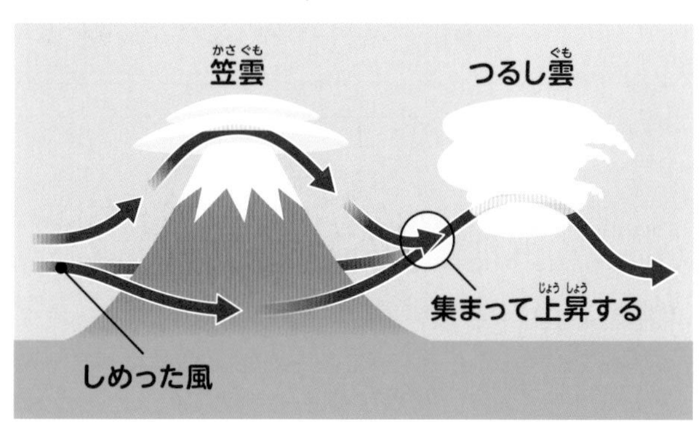

▲笠雲は、山にぶつかった風が斜面をのぼるときにできる。つるし雲は、山をこえた風と山の側面をふく風が合流するところにできる。

▲**にかい笠**　ふたつの笠が上下にかさなった笠雲で、一年を通して見られる。

▼**ひとつ笠**　笠がひとつだけの笠雲で、春と秋によく見られる。

Let's Try! 観天望気で天気を予想してみよう

天気予報がなかった時代には、人びとは、雲のようすなどを見て翌日の天気を予想していた。これを「観天望気」という。そのひとつに「富士山に笠雲がかかると雨」というものがあり、笠雲は天気がくずれる前ぶれとされている。富士山に笠雲がかかったら、翌日の天気をしらべてみよう。

山に関係のある観天望気には、たとえば山形県村山地方の「白鷹山に雲がかかると、まもなく雨」など、全国各地にある。住んでいる地域にはどんな観天望気があるのか、しらべてみよう。

▲**2019年12月1日、夕日にそまった笠雲** この翌日は前線が日本列島を通過し、雨がふったところが多かった。

※5巻『日本列島 季節の天気』で、いろいろな観天望気を紹介している。

▲**つみ笠** ふくらんだ笠雲で、春によく見られる。

▲つばさのような形のつるし雲。

円盤形のつるし雲。

山の上から雲を見てみよう

標高の高い山では、平地から見あげていたときよりもずっと近くで雲を観察することができます。自分の頭の上にも下にも、ときには、手をのばせばとどきそうなほど近くに雲がうかんでいることもあります。

朝には、層積雲（➡28ページ）や層雲（➡30ページ）のページで紹介した雲海ができることがあります。雲海は、冷えた朝に盆地の上などにでき、太陽がのぼって気温があがるとだんだん消えていきます。

下の写真は、雲海が下降気流によって山の斜面を流れおちるようすです。滝のように見えることから「滝雲」とよばれています。

◀**滝雲**　雲が滝のように流れていく。

▼**山の上で見られる雲**　ひくい空にうかぶ雲はすぐ横に見ることができる。

▲**変化する富士山のつるし雲**　すぐ目の前で、雲の形がかわっていくようすが見られる。

▲**風に流されて山の斜面にぶつかる雲。**

▲**ギザギザの波のような雲**　性質のちがう空気のあいだに見られる。

富士山から見た夜明けの雲　朝はひくい空に雲ができることが多い。雲のあいだからオレンジ色の街灯の光が見える。

飛行機から雲を見てみよう

▲高層雲の上にできた飛行機雲　空の高いところにできる飛行機雲がすぐ横に見える。下の方に高層雲があるので、地上からはこの飛行機雲は見えない。

飛行機（ジェットエンジンで飛ぶジェット機）は、ふつう高さ1万m付近を飛行しています。その高さからは、ふだん地上から見ていた雲のほとんどを、横や下に見ることができます。10種のうちで空のもっとも高い、5000～1万3000mのところにできる巻雲が、すぐ横にうかんでいることもあります。地上からは平面的に見えていた雲が、立体的に見えるのもおもしろいです。

また、飛行機からは、高層雲や高積雲など、高い空にできる雲の雲海を見ることができます。飛行機に乗ったら、ぜひ雲を観察してみましょう。

▲飛行機の下に無数にうかぶ積雲　飛行機が離陸したばかりのときや着陸まぎわには、空のひくいところにできる積雲がすぐ下に見える。右奥に見えるのは海で、海は上昇気流が発生しにくく、積雲ができていない。

▲**高積雲の雲海**　飛行機から見る高積雲は真っ白でもこもことしていて、まさにヒツジの群れのように見える。

▲**空にひろがる巻雲**　すぐ横に巻雲、そのずっと下のほうに積雲がある。飛行機から見ると雲の高さのちがいがよくわかる。

▲**大きくもりあがる積乱雲**　積乱雲は、強い上昇気流によって地上から1万mをこえる高さまで発達し、飛行機よりも高くなることがある。

たくさんの積雲と積乱雲　これは台風の雲で、もこもことふくらんでいる。飛行機は台風の真上を飛ぶこともある。

雲がつくる光の現象を楽しもう

最後に、太陽や月の光が、雲をつくる水滴や氷のつぶによって反射（光がものにあたってはねかえること）や屈折（光がおれまがってすすむこと）などしておこる、光の現象を紹介します。

下の写真は、「彩雲」とよばれるものです。彩雲は、その名前のとおり、雲が虹色に色づく現象です。水滴でできた雲が太陽に近づいたときにあらわれます。むかしから日本人は、彩雲を縁起のよいことがおこる前ぶれと考え、景雲、慶雲、瑞雲などとよんできました。

ほかにも太陽のまわりに虹色の輪ができる「光環」（➡19ページ）や、太陽から少しはなれたところに大きな光の輪ができる日がさ（➡21ページ）などがあります。光環は右ページの写真のように月のまわりにもできます。

太陽を直接見ると、目をいためる心配があるよ。太陽を見ないようにして、サングラスも、利用しよう。

▼**積乱雲のかげ**　夏の日の夕方、積乱雲に夕日があたると、雲のかげが青空にまっすぐのびることがある。空がわれたように見えるので「天割れ」ともよばれる。

▼**彩雲の中を飛ぶ飛行機**　これは巻積雲にできた彩雲。

▲**幻日**　太陽が巻層雲などにおおわれると、少しはなれたところに、小さな太陽のような光があらわれることがある。

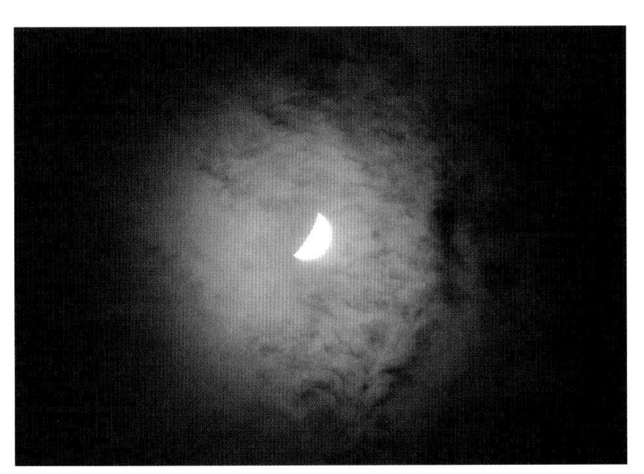

▲**月の光環**　巻積雲などのうすい雲におおわれると、月のまわりに虹色の輪ができることがある。

▲**光芒**　雲のすきまから太陽の光がもれて、上や下にひろがることがある。

▲**山から見た朝焼け**　晴れてすんだ朝、東の空が朝日に照らされて赤やオレンジ色にかがやく。

▼**雷光（いなびかり）**　かみなりは空気中を電気が流れる現象で、積乱雲によってひきおこされる。

ここには日本各地の月ごとの日照時間をのせています。月ごとの平年値を見ると、沖縄県（那覇）の日照時間は意外に少なく、同じ北海道でも札幌と釧路では大きな差があることがわかります。

下の表は、都道府県の年間日照時間を長い順にならべたものです。もっとも日照時間が長いのは山梨県（甲府）の2225.8時間で、もっとも日照時間が短いのは秋田県（秋田）の1527.4時間でした。右下の分布図を見ても、太平洋側や内陸の県では日照時間が長く、日本海側や北日本では短いことがわかります。日本海側や北日本は冬になると、くもりや雪の日が多くなることが影響しているようです。

注：地図中の○つき数字は、45ページの表中の「地点」をしめしています。

都道府県別の年間日照時間（1991～2020年の平均値）と分布図 単位：時間

順位	都道府県（地点）名	年間日照時間
1	山梨県（甲府）	2225.8
2	高知県（高知）	2159.7
3	群馬県（前橋）	2153.7
4	静岡県（静岡）	2151.5
5	愛知県（名古屋）	2141.0
6	宮崎県（宮崎）	2121.7
7	岐阜県（岐阜）	2108.6
7	三重県（津）	2108.6
9	徳島県（徳島）	2106.8
10	埼玉県（熊谷）	2106.6
11	和歌山県（和歌山）	2100.1
12	兵庫県（神戸）	2083.7
13	大阪府（大阪）	2048.6
14	香川県（高松）	2046.5
15	岡山県（岡山）	2033.7
16	広島県（広島）	2033.1
17	神奈川県（横浜）	2018.3
18	愛媛県（松山）	2014.5
19	茨城県（水戸）	2000.8
20	熊本県（熊本）	1996.1
21	大分県（大分）	1992.4
22	佐賀県（佐賀）	1970.5
23	長野県（長野）	1969.9
24	栃木県（宇都宮）	1961.1
25	千葉県（千葉）	1945.5
26	鹿児島県（鹿児島）	1942.1
27	東京都（東京）	1926.7
28	福岡県（福岡）	1889.4
29	滋賀県（彦根）	1863.3
30	長崎県（長崎）	1863.1
31	山口県（山口）	1862.0
32	宮城県（仙台）	1836.9
33	奈良県（奈良）	1821.1
34	京都府（京都）	1794.1
35	福島県（福島）	1753.8
36	沖縄県（那覇）	1727.1
37	北海道（札幌）	1718.0
38	石川県（金沢）	1714.1
39	島根県（松江）	1705.2
40	岩手県（盛岡）	1686.3
41	鳥取県（鳥取）	1669.9
42	福井県（福井）	1653.7
43	富山県（富山）	1647.2
44	新潟県（新潟）	1639.6
45	山形県（山形）	1617.9
46	青森県（青森）	1589.2
47	秋田県（秋田）	1527.4

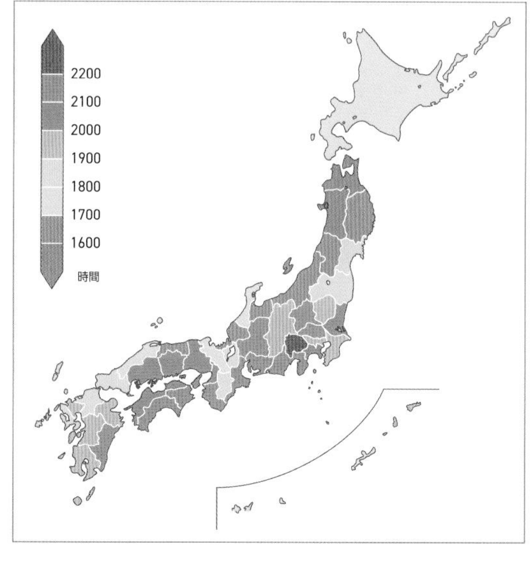

資料：気象庁ホームページより。観測地点は都道府県庁所在地（ただし、埼玉県は熊谷市、滋賀県は彦根市）。

日照時間の月別平年値（1991～2020年の平均値）単位：時間

No.	地点	1月	2月	3月	4月	5月	6月	7月	8月	9月	10月	11月	12月	年
1	稚内（わっかない）	40.6	74.7	137.5	173.5	181.6	154.6	142.7	150.7	172.1	134.6	55.9	28.4	1446.9
2	釧路（くしろ）	186.7	183.1	200.8	182.2	177.5	126.8	118.9	117.6	143.9	177.0	167.6	175.6	1957.6
3	札幌（さっぽろ）	90.4	103.5	144.7	175.8	200.4	180.0	168.0	168.1	159.3	145.9	99.1	82.7	1718.0
4	函館（はこだて）	103.1	117.9	158.7	186.1	198.5	172.6	134.4	148.0	160.8	163.9	109.4	91.5	1744.9
5	青森（あおもり）	48.5	72.3	126.0	179.1	201.4	180.0	161.4	178.0	162.4	144.4	85.4	50.4	1589.2
6	秋田（あきた）	39.0	64.3	121.5	168.6	184.9	179.5	150.3	186.9	160.8	143.1	83.2	45.3	1527.4
7	盛岡（もりおか）	115.6	124.8	157.8	171.4	188.0	161.3	130.5	145.3	128.8	141.3	117.7	103.7	1686.3
8	山形（やまがた）	79.6	99.6	140.4	175.9	196.5	165.0	144.5	171.8	136.6	132.1	102.2	73.8	1617.9
9	仙台（せんだい）	149.0	154.7	178.6	193.7	191.9	143.7	126.3	144.5	128.0	147.0	143.4	136.3	1836.9
10	福島（ふくしま）	132.2	144.8	175.1	189.7	193.2	141.4	125.2	148.7	122.9	133.7	128.3	118.7	1753.8
11	水戸（みと）	195.4	174.3	182.7	183.5	186.1	137.8	150.8	179.4	138.7	140.6	153.7	178.0	2000.8
12	宇都宮（うつのみや）	211.7	193.3	194.2	184.9	175.4	118.5	118.9	140.9	119.8	140.3	165.9	197.4	1961.1
13	前橋（まえばし）	213.1	201.2	211.0	205.2	197.4	138.5	146.3	167.7	134.9	155.6	181.0	202.0	2153.7
14	熊谷（くまがや）	217.0	199.8	203.2	197.1	192.0	133.9	146.0	169.3	131.6	144.1	171.6	200.9	2106.6
15	銚子（ちょうし）	179.8	159.0	168.9	183.0	188.9	142.3	174.0	221.3	159.0	137.9	140.1	163.7	2017.8
16	東京（とうきょう）	192.6	170.4	175.3	178.8	179.6	124.2	151.4	174.2	126.7	129.4	149.8	174.4	1926.7
17	横浜（よこはま）	192.7	167.2	168.8	181.2	187.4	135.9	170.9	206.4	141.2	137.3	151.1	178.1	2018.3
18	八丈島（はちじょうじま）	84.9	87.8	124.5	139.4	148.5	87.1	137.3	185.9	139.6	107.1	102.6	100.4	1445.0
19	新潟（にいがた）	56.4	74.3	136.8	177.7	202.8	179.2	162.1	205.2	156.2	138.2	91.5	62.9	1639.6
20	富山（とやま）	68.1	89.7	135.9	173.6	199.9	154.0	153.3	201.4	144.2	143.1	105.1	70.7	1647.2
21	金沢（かなざわ）	62.3	86.5	144.8	184.8	207.2	162.5	167.2	215.9	153.6	152.0	108.6	68.9	1714.1
22	長野（ながの）	128.4	140.2	173.3	199.4	214.8	167.4	168.8	201.1	151.2	152.1	142.3	131.1	1969.9
23	甲府（こうふ）	209.1	195.4	206.3	206.1	203.9	149.9	168.2	197.0	150.9	159.6	178.6	200.9	2225.8
24	静岡（しずおか）	207.9	187.5	189.9	189.7	192.0	135.9	157.9	201.8	157.3	157.7	173.3	200.5	2151.5
25	名古屋（なごや）	174.5	175.5	199.7	200.2	205.5	151.8	166.0	201.3	159.6	168.9	167.1	170.3	2141.0
26	岐阜（ぎふ）	161.3	165.7	196.2	200.0	205.4	160.1	166.5	202.4	163.7	172.8	158.8	155.6	2108.6
27	福井（ふくい）	65.4	88.4	136.3	172.3	191.1	146.8	155.4	205.7	151.2	154.4	114.4	72.2	1653.7
28	彦根（ひこね）	99.8	115.6	162.6	183.8	197.3	154.4	169.8	213.0	162.9	163.0	134.6	106.4	1863.3
29	津（つ）	162.9	156.2	186.1	192.7	197.8	146.9	180.2	220.7	165.3	164.5	163.7	171.5	2108.6
30	潮岬（しおのみさき）	192.5	187.9	198.6	201.9	193.2	132.4	193.2	234.8	176.8	169.8	177.5	194.0	2255.9
31	奈良（なら）	115.2	116.8	156.4	179.0	189.5	136.6	158.8	204.4	152.8	152.1	135.1	124.4	1821.1
32	京都（きょうと）	123.5	122.2	155.4	177.3	182.4	133.1	142.7	182.7	142.7	156.0	140.7	134.4	1794.1
33	大阪（おおさか）	146.5	140.6	172.2	192.6	203.7	154.3	184.0	222.4	161.6	166.1	152.6	152.1	2048.6
34	神戸（こうべ）	145.8	142.4	175.8	194.8	202.6	164.0	189.4	229.6	163.9	169.8	152.2	153.2	2083.7
35	鳥取（とっとり）	69.0	83.7	131.3	177.4	201.4	153.9	166.5	203.8	143.4	146.1	110.7	82.6	1669.9
36	松江（まつえ）	67.4	88.6	140.5	182.4	206.5	157.1	168.6	201.0	146.2	154.4	113.8	78.8	1705.2
37	岡山（おかやま）	149.0	145.4	177.8	192.6	205.9	153.5	169.8	203.2	157.5	171.5	153.7	153.8	2033.7
38	広島（ひろしま）	138.6	140.1	176.7	191.9	210.8	154.6	173.4	207.3	167.3	178.6	153.3	140.6	2033.1
39	下関（しものせき）	95.8	116.1	162.9	187.6	207.1	146.6	172.4	207.2	161.9	176.3	134.7	102.6	1875.9
40	高松（たかまつ）	141.4	143.8	175.0	194.5	210.1	158.2	191.8	221.2	159.6	164.6	145.5	142.7	2046.5
41	徳島（とくしま）	160.3	152.5	179.8	197.9	205.7	151.9	192.0	230.6	162.0	163.6	150.4	160.1	2106.8
42	松山（まつやま）	129.2	142.2	175.1	190.8	205.9	151.1	189.0	218.1	164.3	174.1	144.9	129.8	2014.5
43	高知（こうち）	190.7	177.2	192.2	197.3	195.7	133.8	173.7	204.0	162.0	179.6	168.8	184.6	2159.7
44	福岡（ふくおか）	104.1	123.5	161.2	188.1	204.1	145.2	172.2	200.9	164.7	175.9	137.3	112.2	1889.4
45	佐賀（さが）	128.2	139.5	169.0	186.7	197.1	131.4	164.8	200.4	174.1	188.0	153.2	137.9	1970.5
46	長崎（ながさき）	103.7	122.3	159.5	178.1	189.6	125.0	175.3	207.0	172.2	178.9	137.2	114.3	1863.1
47	熊本（くまもと）	133.0	141.1	169.6	184.0	194.3	130.8	176.7	206.0	176.4	187.1	153.7	143.4	1996.1
48	大分（おおいた）	149.4	149.1	175.0	190.1	194.6	135.7	180.8	202.8	151.5	164.2	148.2	151.2	1992.4
49	宮崎（みやざき）	192.6	170.8	185.6	186.0	179.7	119.4	198.0	208.6	156.5	173.6	167.0	183.9	2121.7
50	鹿児島（かごしま）	132.6	139.3	163.2	175.6	178.2	109.3	185.5	206.9	176.4	184.0	157.7	143.2	1942.1
51	那覇（なは）	93.1	93.1	115.3	120.9	138.2	159.5	227.0	206.3	181.3	163.3	121.7	107.4	1727.1

（気象庁ホームページより）

さくいん

丸つき数字は巻数，あとの数字はページ数をあらわします。

タ行

ナ行

ハ行

マ行

ヤ行

ラ行

ワ行

●監修
武田康男（たけだ・やすお）
空の探検家、気象予報士、空の写真家。日本気象学会会員。日本自然科学写真協会理事。大学客員教授・非常勤講師。千葉県出身。東北大学理学部地球物理学科卒業。元高校教諭。第50次南極地域観測越冬隊員。主な著書に『空の探検記』（岩崎書店）、『雲と出会える図鑑』（ベレ出版）、『楽しい雪の結晶観察図鑑』（緑書房）などがある。

菊池真以（きくち・まい）
気象予報士、気象キャスター、防災士。茨城県龍ケ崎市出身。慶應義塾大学法学部政治学科卒業。これまでの出演に『NHKニュース7』『NHKおはよう関西』など。著書に『ときめく雲図鑑』（山と溪谷社）、共著に『雲と天気大事典』（あかね書房）などがある。

●写真提供　菊池真以　武田康男　北杜市

●参考文献

武田康男著『見ながら学習 調べてなっとく ずかん 雲』（技術評論社）
武田康男監修・写真『雲のすべてがわかる本』（成美堂出版）
菊池真以著『ときめく雲図鑑』（山と溪谷社）
武田康男・菊池真以著『雲と天気大事典』（あかね書房）
村田健史・武田康男・菊池真以著『ひまわり8号と地上写真からひと目でわかる 日本の天気と気象図鑑』（誠文堂新光社）
村井昭夫・鵜山義晃著『雲のカタログ 空がわかる全種分類図鑑』（草思社）
岩槻秀明著『雲の図鑑』（KKベストセラーズ）
気象庁ホームページ

●協力　田中千尋（お茶の水女子大学附属小学校教諭）
●装丁・本文デザイン　株式会社クラップス（佐藤かおり）
●イラスト　本多 翔
●校正　栗延 悠

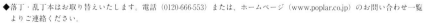

気象予報士と学ぼう！　天気のきほんがわかる本
❷　雲はかせになろう

発行　　2022年4月　第1刷

文　　　　　：遠藤喜代子
監　修　　　：武田康男　菊池真以
発行者　　　：千葉 均
編　集　　　：原田哲郎
発行所　　　：株式会社ポプラ社
　　　　　　　〒102-8519　東京都千代田区麹町4-2-6
ホームページ：www.poplar.co.jp（ポプラ社）
　　　　　　　kodomottolab.poplar.co.jp（こどもっとラボ）
印刷・製本　：瞬報社写真印刷株式会社

Printed in Japan
ISBN978-4-591-17274-2 / N.D.C. 451/ 47P / 29cm

P7227002

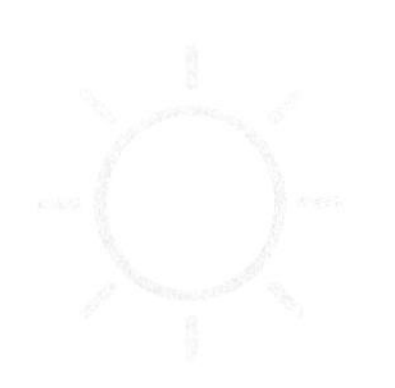

気象予報士と学ぼう！

天気のきほんがわかる本

全6巻

1. 天気予報をしてみよう　吉田忠正 文／武田康男・菊池真以 監修
2. 雲はかせになろう　[illegible] 文／武田康男・菊池真以 監修
3. 雨・雪・氷 なぜできる？　吉田忠正 文／武田康男・菊池真以 監修
4. 台風・たつまき なぜできる？　[illegible] 文／武田康男・菊池真以 監修
5. 日本列島 季節の天気　[illegible] 文／武田康男・菊池真以 監修
6. 異常気象と地球温暖化　吉田忠正 文／武田康男・菊池真以 監修

小学中学年～高学年向き

[illegible]

A4変型判 オールカラー

図書館用特別堅牢製本図書